图说
蝴蝶兰
栽培管理技术

吴艳华　夏忠强　张秀丽　编著

U0393029

化学工业出版社

·北京·

内容简介

本书以蝴蝶兰产业发展现状为背景，除介绍蝴蝶兰根、茎、叶、花、果、种子六大器官的形态特征外，还重点介绍了8个主要原种及7个系列80多个常见栽培品种、两种繁殖方式及6类栽培管理技术，此外，对蝴蝶兰的包装及运输、居室盆栽蝴蝶兰的养护方法及注意事项也进行了详细介绍。本书配有260余幅高清彩色图片，以满足读者学习、研究和生产的需要。

本书可供蝴蝶兰生产者及经营者、家庭兰花爱好者及农林院校园林、园艺、景观设计等专业师生阅读参考。

图书在版编目（CIP）数据

图说蝴蝶兰栽培管理技术/吴艳华，夏忠强，张秀丽编著 . —北京：化学工业出版社，2023.7（2024.5重印）

ISBN 978-7-122-43367-1

Ⅰ.①图⋯　Ⅱ.①吴⋯②夏⋯③张⋯　Ⅲ.①兰科-花卉-观赏园艺-图解　Ⅳ.①S682.31-64

中国国家版本馆CIP数据核字（2023）第070732号

责任编辑：孙高洁　刘　军　　文字编辑：李　雪
责任校对：刘曦阳　　　　　　　装帧设计：关　飞

出版发行：化学工业出版社
　　　　　（北京市东城区青年湖南街13号　邮政编码100011）
印　　装：盛大（天津）印刷有限公司
880mm×1230mm　1/32　印张4¹/₂　字数131千字
2024年5月北京第1版第2次印刷

购书咨询：010-64518888　　　　售后服务：010-64518899
网　　址：http://www.cip.com.cn
凡购买本书，如有缺损质量问题，本社销售中心负责调换。

定　　价：29.80元　　　　　　　　版权所有　违者必究

前 言

　　蝴蝶兰为兰科蝴蝶兰属多年生草本植物，花姿如蝴蝶飞舞而得名。因其花形奇特、花色艳丽、花期长久，而深受世界各国人民的喜爱，是当今世界花卉市场的十大畅销盆花之一。2020年，我国蝴蝶兰上市量1亿多株，销售额达30多亿元，国内及国际市场供不应求。

　　近年来，我国蝴蝶兰产业发展十分迅速，目前蝴蝶兰的生产已经进入由量的扩张发展到质的飞跃的关键时期，产业链逐步形成，产业规模不断扩大，企业和市场对蝴蝶兰的品质和品种提出了更高、更新的要求。然而，由于各生产企业及种植户与科研院所的交流不够，缺少系统的规划和管理，也缺乏标准化技术的规范和指导，蝴蝶兰生产水平参差不齐，市场尚未处于良性增长状态。因此，进一步加强蝴蝶兰的科技创新及技术交流、规范生产流程、培养新型人才及提高生产者素质迫在眉睫。

　　基于以上背景，编者结合多年蝴蝶兰生产及教学经验编写完成本书。全书共分七章，在概述我国蝴蝶兰产业发展现状、存在问题及发展建议的基础上，重点介绍了蝴蝶兰六大器官的形态特征、主要原种及常见栽培变种、两种繁殖方式及六项栽培管理技术，此外，对蝴蝶兰的包装及运输、居室盆栽蝴蝶兰的养护方法及注意事项也进行了详细介绍。本书附260余幅高清彩色图片，图文并茂，理论性与实用性结合，以期为培养园艺、园林、风景园林、景观设计等专业的新时期人才，为蝴蝶兰产业健康、快速、可持续发展助力。

由于编者水平有限，在编写过程中难免存在疏漏之处，敬请读者批评指正。

编者
2023 年 2 月

目 录

第四章　蝴蝶兰繁殖方式 / 092

第五章　蝴蝶兰栽培管理技术 / 101

第一章
我国蝴蝶兰产业概述

蝴蝶兰为兰科蝴蝶兰属多年生草本植物，素有"兰中皇后"之美誉，因其花形奇特、花色艳丽、花期长久，而深受世界各国人民的喜爱。目前，蝴蝶兰已成为居家及酒店装饰的重要花卉之一（图1-1）。

一、发展现状

蝴蝶兰产业依然是我国农业中的高效产业，虽然蝴蝶兰由20世纪90年代末的一株一两百元跌至现在的三四十元，但由于其栽培密度大、单位面积产出值大、用工少，仍具有较高的经济效益。

蝴蝶兰在我国的生产范围已相当广泛，从最北端的新疆、内蒙古到最南端的海南岛都栽培有蝴蝶兰，以经济强省为主，以发达城市为依托，我国蝴蝶兰产业得到了迅速发展。各产业区域均充分利用其产业优势，比如区位优势、气候优势和当地政府的政策优势等，不断扩大规模，提高种苗和成品花的产量和质量，从而不断提高蝴蝶兰的综合产值。

蝴蝶兰产业总体水平显著提升，主要表现在两个方面：一方面，现在蝴蝶兰品质显著提升，不仅在花朵大小和数量方面，而且在花瓣厚度、花序排列、叶片排序、根系生长状况等多方面都有了更好的发展。另一方面，对于蝴蝶兰品种，早年普遍种植的实生苗品种，如今已被分生品种取代；前些年市场上的热门品种，如'红龙''火鸟''火凤凰''大辣椒'

图1-1　蝴蝶兰装饰效果

等红花品系现成为普通品种，黄花品系、多梗带分枝中小花型的多花品系和带条纹、斑点的品系已开始流行。另外，目前国内几家大的蝴蝶兰种苗企业都在大力研发、推广自己的品种，极大丰富了市场上的蝴蝶兰品种，这推动着我国蝴蝶兰产业逐步走向成熟。

　　随着蝴蝶兰产业链逐步形成，有实力的企业越做越大，具有资金和品种优势的企业发展成专业化生产组织培养苗的企业。南方适于养苗的区域，一些企业开始专业化生产不同规格的苗株，供应国内市场或出口；北方地区则凭借冬季光照充足、开花质量高的优势，专门负责成品花的催花；还有的企业则瞄准蝴蝶兰资材供应市场，专业生产各种规格的育苗容器、基质肥料、盆器等。这种产业细分的趋势将随着我国蝴蝶兰产业的发展越来越明显。

二、存在问题

① 我国蝴蝶兰产业经过近几年的迅速发展，产量急剧膨胀，众多生产企业、小户种植者以及科研院所，虽也相互交流，但都各自为营，没有对蝴蝶兰品种、种苗来源、种植技术、销售渠道等进行系统的规划和管理，以至于市场稍有波动就会出现滞销的局面。成品花品质虽也有较大的提高，但由于缺乏标准化技术的规范和指导，整体水平参差不齐，不利于产业的整体发展。

② 我国蝴蝶兰产业总体上缺乏自主知识产权的品种，而且品种更新较慢，花色、造型多样化程度较低。许多蝴蝶兰从业者一味追求利润，不顾品质盲目扩产、不进行品种测试就投产种苗、不试种就大量购苗生产成品花，在疯狂扩产的情况下，最终导致种苗品种问题层出不穷，变异率成倍提高。

③ 随着环境保护部、科技部《国家环境保护"十三五"科技发展规划纲要》的提出，作为我国环保的重点工作，节能减排势在必行，这就给许多冬季依靠煤炭给蝴蝶兰温室加温的企业和科研单位提出了新的挑战。温室不能正常运转，导致蝴蝶兰种苗大批量受冻害甚至冻死，企业减产，平均生产成本增加。寻找费用低，同时能够有效实现温室加温的替代能源，成为了这些蝴蝶兰生产企业的当务之急。

三、发展建议

① 蝴蝶兰生产作为高新园艺产业，应紧密依靠行业的政策指导、科研机构的技术支持、高校的人才输送。只有各方之间实现良性合作，才能

使蝴蝶兰产业走上稳健发展的轨道。

② 相关产区政府要充分发挥引导作用，综合财政、农业、林业等部门，制定各产区发展的具体政策，强化政府对资金、技术、市场、服务等要素资源的宏观调控和管理，创造良好的发展环境。

③ 蝴蝶兰生产流程应标准化、精细化，要以科研院所为技术依托，通过不断的科研创新和技术探索，逐步完善蝴蝶兰生产技术，制定出蝴蝶兰种苗繁育、商品苗生产的标准化技术规程，规范蝴蝶兰的生产与销售。

④ 蝴蝶兰企业应利用自身优势不断吸引相关的科技和管理人才，要打造一支精干高效、爱岗敬业的集研究开发和技术推广服务为一体的人才队伍，作为产业发展的强劲支撑。

⑤ 蝴蝶兰生产企业要致力于对高新奇特品种的研发，探索利用航空育种及其他生物基因育种等。并对原有品种进行深度开发，开发出不同花香型品种，以及一株多彩或多姿多彩等花型以迎合不同需求。还要注重对花朵的药用、保健方面的研究，以提高其附加值。

第二章
蝴蝶兰形态特征

一、根

　　蝴蝶兰是气生兰，根多为圆柱形或扁圆形，肉质，十分发达。其外表的根被呈白色，有保护根内组织及吸附、固定、吸收空气中水分和养分的作用。根尖呈翠绿色的部分为根冠，除了有吸收功能外，还具有伸长生长和进行光合作用的能力。根冠对外界的干扰十分敏感，若人为碰触或接触过浓的肥料或农药，均易受伤害，并影响后期生长，以致不能开出美丽的花朵。

　　根中含叶绿素，见光后呈绿色，也可进行光合作用。根有粗细之分，品种遗传影响根的粗细。合理的栽培管理，会促进根生长粗壮、数量增加。根的好坏可以作为判断蝴蝶兰长势状况的标准。若根系健全，且一般环绕盆内侧生长，则蝴蝶兰长势健壮（图2-1）。

图2-1　蝴蝶兰的根

二、茎

在形态学上，兰科植物的茎可划分为合轴型和单轴型两大类。蝴蝶兰不同于卡特兰、石斛和文心兰等具有数个假鳞茎并列于一条匍匐茎上的合轴型兰花，它既无假鳞茎，亦无匍匐茎，只有一条向上伸长的茎，属于单轴型兰花。花茎并非从植株中央长出，而是从叶片下方长出，长50～100cm。花茎有节，但其茎节较短，被交互生长的叶基彼此紧包。茎起到支撑叶和花梗的作用。茎还是贮存、输送养分的中转站，根吸收的水、矿物质及叶光合作用制造的养分，会通过茎进行再分配。

茎顶端分枝，花即由此长出，开10～30朵。当第一次开的花凋谢后，要将茎剪掉，如此可促使其在秋季二度开花。由于蝴蝶兰是单茎花，每年在新的生长点生长，这是有别于其他兰花的生长形态。

另外，由于蝴蝶兰一生只有一个茎端，在栽培上稍有疏忽，多肉娇嫩的茎端被害虫吃掉或由于寒害烂掉，就会导致停止长叶，直到死亡。

三、叶

蝴蝶兰叶片为肉质，互生，宽大、肥厚，多为宽卵形或长椭圆形，一般叶宽5～10cm，长20～30cm，表面有蜡质光泽，也有气孔，气孔均在下表皮。叶腋处有上、下2个叶芽，有时为3个叶芽。与很多肉质植物一样，蝴蝶兰叶片的气孔白天关闭，晚上才打开，吸入二氧化碳，并释放出氧气。

蝴蝶兰的叶具有良好的贮水及保存养分的功能，还可以直接吸收肥料及水分。叶色一般为绿色，有的具红褐色或深绿色豹斑纹，具有较好的观赏价值。叶色与花色有一定的相关性，可通过观察叶色估计花色。绿色叶片的蝴蝶兰，可能开浅色（淡色）或白色的花；红褐色叶片的蝴蝶兰，可能开红色花；带银灰色斑纹叶片的蝴蝶兰，可能开条纹花或斑点花。

四、花

蝴蝶兰的每朵花均由花瓣、花萼、蕊柱三部分构成。花瓣一般分三片，位于内轮，两侧对称的一对称为花瓣，花瓣左右展开，是花朵中观赏价值最高的部分；而位于中央下方，外形有异于两侧花瓣的称为唇瓣，它质厚，顶端开叉或尖锐，酷似蝴蝶的头部，以吸引授粉昆虫。蝴蝶兰的花瓣颜色五彩缤纷，常见的有白色、红色、黄色及紫红色，并缀有红色或褐色的斑点和脉纹。花萼与花瓣合称为花被，蕊柱又称合蕊柱，是一条由雄蕊和雌蕊共同结合构成的生殖器官。其顶端有2个花药室，内各有1个花粉块，花粉块外有药帽保护。花粉块上连有盘状黏块，在昆虫采蜜退出时，揭下花粉块，并黏着于昆虫背上。蕊柱正面靠近顶端有个穴，称为柱头穴，为蝴蝶兰的雌性器官，内有黏液，在昆虫带花粉块进入时，可粘住花粉而受精。

蝴蝶兰的花梗颜色有绿色、褐色之分，还有粗细、软硬、成形难易及柔软韧性的不同。花梗高度，大花系一般可以达到40～90cm，小花系20～30cm。蝴蝶兰的花梗起到支撑花朵的作用（图2-2）。

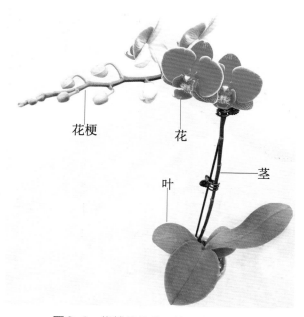

图2-2　蝴蝶兰的花、茎、叶及花梗

五、果

蝴蝶兰的花可开30～40天，最长者可达70天，在此期间若能正常授粉，再经110天左右果实就会成熟。其果为蒴果，一般为长条形，外貌似小香蕉，顶端多留有宿存的蕊柱，果的外表有棱（图2-3）。

六、种子

蝴蝶兰果内含极多细小如尘埃的种子，成熟时自动开裂，细小的种子弹出，随风传播。一个成熟的蒴果，内含种子在50万～100万粒。但自然散播出去的种子或在人工栽培环境下，能自然萌发的种子十分稀少，只有少数能在树皮或岩缝中得到与其共生真菌的滋养，或采用试管内无菌播种的方法，才能发芽生长（图2-4）。

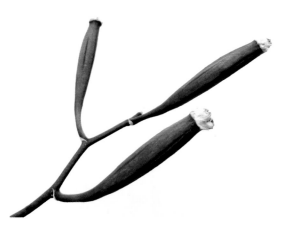

图2-3　蝴蝶兰的果实

图2-4　蝴蝶兰的种子

第三章
蝴蝶兰品种与分类

一、主要原种

蝴蝶兰是在1750年发现的，迄今已发现70多个原生种，大多数产于潮湿的亚洲地区，自然分布于印度洋各岛、南洋群岛以至我国台湾等低纬度热带海岛。原生种通常被作为种质资源，其具有的多样性特质可提供广泛的育种材料，目前，蝴蝶兰的栽培种大部分是由蝴蝶兰属的原生种杂交而来的。

（一）阿嬷蝴蝶兰

原生于菲律宾棉兰老岛、吕宋岛及我国台湾南部海岸山脉。植株高15～30cm，花径6.5～9cm，开花期在春季，花期可达50天，部分植株花朵具淡味。多应用在浅色系多花以及花朵排列上，抗病性佳。

（二）安汶蝴蝶兰

原产于印度尼西亚马鲁古群岛及苏拉威西岛。叶片较大，带有光泽。花梗较短，前端着生3～5朵花，花径3～5cm，花朵蜡质，底色为白色或黄色，开花期为秋季至春季，花期可达30天，具香味。为选育黄花蝴蝶兰及斑点花的重要亲本。

（三）荧光蝴蝶兰

原生于印度尼西亚苏门答腊、婆罗洲及马来半岛。叶片肉质、亮绿，叶形大而圆。花梗短，花径5～8cm，花朵蜡质、肉厚，花色鲜艳且具香味。开花期在夏季至秋季，花期可达40天。为趣味育种者喜爱使用的亲本。

（四）桃红蝴蝶兰

原产于菲律宾和我国台湾，生于低海拔热带雨林中的树干上。植株外形较小，椭圆形叶3～4片，深绿色。花梗长20～40cm，着花10～15朵，花径3cm左右，桃红色唇瓣，有深红色斑点。

（五）米库氏蝴蝶兰

原产于南菲律宾的棉兰老岛。植株高15～20cm，花径约3.5～4.5cm。开花期在秋季至春季，花期可达35天，无味。本种遗传上具有多梗性，另外，颜色遗传常可获得鲜艳的绿黄色。

（六）洛氏蝴蝶兰

分布在喜马拉雅山脉、印度、不丹、缅甸及越南等地。叶片青翠，小巧玲珑，迷你可爱。萼片和花瓣洁白，萼片直立，犹如兔子耳朵，唇瓣三色，黄色、褐色和白色相互交杂。

（七）曼氏蝴蝶兰

原产于印度、越南，野生于热带雨林中的树枝上。叶长30cm，绿色，叶基部黄色。萼片和花瓣橘红色，带褐紫色横纹，花期3～4月。

（八）路德蝴蝶兰

分布于菲律宾的吕宋岛至棉兰老岛。叶片鲜绿色带有光泽，长20～30cm。花梗长，花朵蜡质、星形，具有香气，花径大小约6cm，颜色为白底带亮红色缟纹，色彩变化差异大。本种色彩丰富且具斑纹，为蝴蝶兰红花及斑点花的重要亲本。

二、常见栽培品种

蝴蝶兰属从花上可大体分为大型花与小型花两类。前者花大，两侧生萼片特别宽，花宽大于高；后者花小，花瓣与两侧萼片的形状、大小相似，花呈五星形。

（一）红花系列

1.'大辣椒'

株形较好，长势旺盛。叶片互生，排列整齐，叶色深绿，叶片宽厚、质硬。花高60cm，花序排序良好，大型花，花径12cm，花形圆整，花色深粉，花期较长（图3-1）。

图3-1

图3-1 '大辣椒'

2.'火凤凰'

长势旺盛，株高70cm。叶片互生，长椭圆形，叶色深绿。花序排序良好，大型花，花径12cm，花色深粉，唇瓣红色，花期长。抗寒性、抗病性较弱；对温度较敏感，催花容易（图3-2）。

图3-2 '火凤凰'

图3-3 '中国红'

3.'中国红'

株形较好，株高50cm。叶片长椭圆形，互生，叶色深绿，叶片宽厚、质硬。大型花，花径11cm，花形规整，花粉红色，花序排列密集，花期较长（图3-3）。

4.'光芒四射'

株形较好，株高45cm。叶片长椭圆形，质硬。大型花，花径10cm，花形圆整，粉红色花瓣边缘呈规则的闪电形花边，花序排列密集，开花整齐，花期长（图3-4）。

图3-4 '光芒四射'

5.'满天红'

株形较好,株高25cm。叶片翠绿,为规则的长椭圆形,表皮革质,叶片互生,排列整齐,平伸或斜向上挺直。小型花,花径5cm,多分枝,花形圆整,花色深粉红色,花期长(图3-5)。

图3-5 '满天红'

6.'红玛瑙'

株形较好，株高40cm。叶片互生，排列整齐，长椭圆形，表皮革质。大型花，花径11cm，花形圆整，花红色，花期长（图3-6）。

图3-6 '红玛瑙'

7.'红梅'

株形紧凑，株高30cm。叶长椭圆形，排列整齐，叶片深绿色，表皮革质。中型花，花径8cm，花形圆整，花红色，花期长（图3-7）。

图3-7 '红梅'

图3-8 '阿里山'

8. '阿里山'

株形较好，株高45cm。叶片长椭圆形，青绿，表皮革质。大型花，花径11cm，花形圆整，花粉红色，花期长（图3-8）。

9. '一串红'

株形较好，株高45cm。叶片互生，长椭圆形，表皮革质。大型花，花径10cm，花形圆整，花红色边缘带白色斑纹，花期长（图3-9）。

图3-9 '一串红'

10.‘大财主’

株形较好，株高45cm。叶片互生，长椭圆形，叶色翠绿，表皮革质。大型花，花径11cm，花形圆整，花红色带白色斑纹，花期长（图3-10）。

图3-10
‘大财主’

11. '粉黛佳人'

株形较好，株高45cm。叶片长椭圆形，叶色翠绿，革质。大型花，花径10cm，花形圆整，花深粉边缘带斑纹，花期长（图3-11）。

图3-11 '粉黛佳人'

12. '福星'

株形较好，株高35cm。叶片互生，长椭圆形，叶色翠绿，表皮革质。中型花，花径8cm，花形圆整，花深粉，花期长（图3-12）。

图3-12 '福星'

13.'红豆'

株形较好，株高30cm。叶片排列整齐，长椭圆形。小型花，花径6cm，花形圆整，花深粉带暗条纹，花边泛白，花期长（图3-13）。

图3-13 '红豆'

14.'幻想图'

株形较好，株高40cm。叶片互生，排列整齐，长椭圆形，表皮革质。大型花，花径11cm，花形圆整，花深粉边缘少斑纹，花期长（图3-14）。

图3-14 '幻想图'

15.'烟火'

株形较好，株高45cm。叶片长椭圆形，互生，排列整齐。大型花，花径11cm，花形圆整，花深粉边缘带斑纹，花期长（图3-15）。

图3-15 '烟火'

16.'青梅竹马'

株形较好，株高50cm。叶片长椭圆形，互生，排列整齐。中型花，花径8cm，花形圆整，红花白心，花期长（图3-16）。

图3-16 '青梅竹马'

17.'巧克力'

株形较好，株高30cm。叶片长椭圆形，互生，排列整齐。中型花，花径7cm，花形圆整，花瓣暗红色带白边，花心黄白相间，花期长（图3-17）。

图3-17 '巧克力'

（二）粉花系列

1.'仙桃'

株形较好，株高50cm。叶片互生，排列整齐，表皮革质。大型花，花径11cm，花形圆整，花浅粉色、红心，花期长（图3-18）。

图3-18
'仙桃'

2.'醉美人'

株形较好,株高45cm。叶片互生,排列整齐,长椭圆形,叶色深绿,表皮革质。大型花,花径10cm,花形圆整,花粉色,花期长(图3-19)。

图3-19 '醉美人'

3.'粉嘟嘟'

　　株形较好，株高30cm。叶片互生，排列整齐，长椭圆形，叶色深绿，表皮革质。中型花，花径8cm，花形圆整，花粉色，花期长（图3-20）。

图3-20　'粉嘟嘟'

4.'安娜'

株形较好，株高45cm。叶片互生，长椭圆形，表皮革质。大型花，花径11cm，花形圆整，花粉色、白心，花期长（图3-21）。

图3-21 '安娜'

5. '情人二号'

株形较好，株高50cm。叶片互生，长椭圆形，表皮革质。大型花，花径11cm，花形圆整，花粉色被白晕，花期长（图3-22）。

图3-22

图3-22 '情人二号'

6. '福乐之星'

株形较好，株高35cm。叶片互生，排列整齐，表皮革质。大型花，花径10cm，花形圆整，浅粉色带斑点，花期长（图3-23）。

图3-23 '福乐之星'

7. '日本姑娘'

株形较好，株高50cm。叶片长椭圆形，深绿色，表皮革质。大型花，花径11cm，花形圆整，花粉色带条纹，花期长（图3-24）。

图3-24 '日本姑娘'

8.'水晶'

株形较好，株高30cm。叶片翠绿，表皮革质。中型花，花径7cm，花形圆整，花粉色带条纹，多分叉，花期长（图3-25）。

图3-25 '水晶'

9.'小梅花'

株形较好，株高35cm。叶片长椭圆形，表皮革质。小型花，花径6cm，花形圆整，花粉色，花期长（图3-26）。

图说蝴蝶兰栽培管理技术

图3-26 '小梅花'

10.'樱花'

株形较好，株高30cm。叶片互生，表皮革质。小型花，花径6cm，花形圆整，花粉色带条纹，多分叉，花期长（图3-27）。

图3-27 '樱花'

11. 'LL-29'

株形较好，株高35cm。叶片长椭圆形，表皮革质。小型花，花径6cm，花形圆整，花粉色，花期长（图3-28）。

图3-28 'LL-29'

12.‘紫水晶’

株形较好，株高25cm。叶片互生，排列整齐，长椭圆形，表皮革质。小型花，花径6cm，花形圆整，花白色带紫晕，花期长（图3-29）。

图3-29　‘紫水晶’

13. '藏宝图'

株形较好，株高50cm。叶片互生，排列整齐，长椭圆形。大型花，花径13cm，花形圆整，花粉色带斑纹，花期长（图3-30）。

图3-30

图3-30 '藏宝图'

图说蝴蝶兰栽培管理技术

14.'梦露'

株形较好，株高45cm。叶片长椭圆形，表皮革质。大型花，花径10cm，花形圆整，花粉色，花期长（图3-31）。

图3-31 '梦露'

15.'粉钻'

株形较好，株高45cm。叶片长椭圆形，叶色翠绿，表皮革质。大型花，花径10cm，花形圆整，花粉色带斑点，花期长（图3-32）。

图3-32 '粉钻'

16.'第二名'

株形较好，株高20cm。叶片坚挺，有光泽。小型花，花径6cm，花形圆整，花粉色、红心，多双叉，花期长（图3-33）。

图3-33 '第二名'

17.'爱丽丝'

株形较好，株高45cm。叶片长椭圆形，表皮革质。大型花，花径12cm，花形圆整，花粉色带条纹，多双叉，花期长（图3-34）。

图3-34 '爱丽丝'

18.'月亮公主'

株形较好，株高30cm。叶片互生，排列整齐，长椭圆形，表皮革质。中型花，花径9cm，花形圆整，花粉色，花期长（图3-35）。

图3-35 '月亮公主'

19.'紫蝶'

株形较好，株高20cm。叶片长椭圆形，表皮革质。中型花，花径7cm，花形圆整，花粉色、红心，花期长（图3-36）。

图3-36 '紫蝶'

20.‘梦幻婚礼’

株形较好，株高55cm。叶片长椭圆形，表皮革质。大型花，花径11cm，花形圆整，花粉色，花期长（图3-37）。

图3-37

图3-37 '梦幻婚礼'

21. '梦幻情人'

　　株形较好，株高25cm。叶片长椭圆形，表皮革质。中型花，花径8cm，花形圆整，花粉色、白心，花期长（图3-38）。

图3-38　'梦幻情人'

22. '天堂鸟'

株形较好，株高25cm。叶片长椭圆形，叶色翠绿，表皮革质。中型花，花径8cm，花形圆整，粉色红心，被条纹，花期长（图3-39）。

图3-39　'天堂鸟'

23.'粉冠军'

株形较好，株高50cm。叶片翠绿，表皮革质。大型花，花径12cm，花形圆整，花粉色、红心，花期长（图3-40）。

图3-40　'粉冠军'

24.'可爱多'

株形较好，株高25cm。叶片长椭圆形，叶色翠绿，表皮革质。小型花，花径5cm，花形圆整，花白边、粉心，多双叉，花期长（图3-41）。

图3-41

图3-41 '可爱多'

图说蝴蝶兰栽培管理技术

25.'赛冰冰'

株形较好，株高30cm。叶片长椭圆形，表皮革质。中型花，花径7cm，花形圆整，花粉色、白心，花期长（图3-42）。

图3-42 '赛冰冰'

26.'金边咖啡'

株形好，株高40cm。绿色叶片带金边，坚挺，有光泽。中型花，花径7cm，花序排序良好，花粉色、红心，花期长（图3-43）。

图3-43 '金边咖啡'

（三）黄花系列

1.'富乐夕阳'

株形较好，株高40cm。叶片长椭圆形、互生，叶色深绿，叶片宽厚、质硬，有光泽。中型花，花径9cm，花序排序良好，黄花红心，花期长（图3-44）。

图3-44 '富乐夕阳'

2.'黄金美人'

株形较好，株高45cm。叶片椭圆形、互生，叶色翠绿，叶片宽厚，质硬，有光泽。大型花，花径10cm，花序排序良好，黄花红心，花期长（图3-45）。

图3-45
'黄金美人'

图说蝴蝶兰栽培管理技术

3. '金公主'

株形较好，株高30cm。叶片长椭圆形，互生，宽厚，质硬，有光泽。中型花，花径7cm，花序排序良好，黄花红心，花瓣上有红色条纹，花期长（图3-46）。

图3-46 '金公主'

4.'三色鸟'

株形较好，株高25cm。叶片长椭圆形，互生，宽厚，质硬，叶色深绿，有光泽。小型花，花径6cm，花序排序良好，黄花红心，花瓣上有红色条纹，多双叉，花期长（图3-47）。

图3-47 '三色鸟'

5.'黄金甲'

株形较好，株高35cm。叶片互生，长椭圆形，叶色深绿，质硬，有光泽。中型花，花径8cm，花序排序良好，黄花红心，花瓣上有红色条纹，花期长（图3-48）。

图3-48 '黄金甲'

6.‘兄弟女孩’

株形较好，株高30cm。叶片长椭圆形，互生，宽厚，质硬，叶色深绿，有光泽。中型花，花径7cm，花序排序良好，黄花红心，花瓣上有红色条纹，花期长（图3-49）。

图3-49　‘兄弟女孩’

7. '朝日'

株形较好，株高35cm。叶片长椭圆形，质硬，有光泽。中型花，花径7cm，花序排序良好，黄花红心，花期长（图3-50）。

图3-50 '朝日'

8.'甜格格'

株形较好，株高30cm。叶片长椭圆形，互生，质硬，有光泽。中型花，花径7cm，花序排序良好，黄花粉红心，花期长（图3-51）。

图3-51 '甜格格'

9.'好吉利'

株形较好，株高30cm。叶片长椭圆形，互生，质硬，有光泽。中型花，花径7cm，花序排序良好，黄花红心，花瓣上有红色条纹，花期长（图3-52）。

图3-52 '好吉利'

（四）白花系列

1.'雪玉'

株形较好，株高20cm。中型花，花径7cm，花形圆整，花序排序良好，白花红心，花期长（图3-53）。

图3-53 ‘雪玉’

2.'大白花红心'

株形较好，株高50cm。叶片绿色，质硬，有光泽。大型花，花径11cm，花序排序良好，白花红心，花期长（图3-54）。

图3-54 '大白花红心'

3.'白闪电'

株形较好，株高45cm。叶片绿色。大型花，花径11cm，花序排序良好，白花红心，花瓣边缘有红色斑纹，花期长（图3-55）。

图3-55 '白闪电'

4.'第一名'

株形较好，株高30cm。小型花，花
径6cm，花序排序良好，白花红心，花瓣
上有浅色条纹，花期长（图3-56）。

图3-56

图3-56 '第一名'

图说蝴蝶兰栽培管理技术

5. '红唇美人'

株形较好，株高45cm。叶片长椭圆形，互生，质硬，有光泽。大型花，花径11cm，花序排序良好，白花红心，花期长（图3-57）。

图3-57 '红唇美人'

6. 'V3'

株形较好，株高55cm。叶片宽厚，质硬，有光泽。大型花，花径13cm，花序排序良好，白花黄心，花期长（图3-58）。

图3-58

图3-58 'V3'

7.'天使'

株形较好，株高35cm。叶片互生，绿色，质硬，有光泽。中型花，花径7cm，花序排序良好，白花，花心带浅色斑点，花期长（图3-59）。

图3-59 '天使'

8.'白天鹅'

株形较好，株高30cm。中型花，花径7cm，花序排序良好，白色花，花期长（图3-60）。

图3-60 '白天鹅'

9.'阿玛'

　　株形较好，株高30cm。叶片长椭圆形，质硬。中型花，花径7cm，花序排序良好，白花黄心，花期长（图3-61）。

图3-61　'阿玛'

10.'婚纱'

株形较好，株高50cm。叶片互生，深绿色，质硬，有光泽。大型花，花径11cm，花序排序良好，白花红心，两侧带粉晕，花期长（图3-62）。

图3-62 '婚纱'

（五）绿花系列

1.'九五至尊'

株形较好，株高50cm。叶片长椭圆形，质硬，有光泽。大型花，花径11cm，花序排序良好，绿花，花期长（图3-63）。

图3-63 '九五至尊'

2.'绿熊'

株形好，株高30cm。中型花，花径8cm，花序排序良好，绿花红心，花期长（图3-64）。

图3-64 '绿熊'

3.'绿闪电'

株形好,株高35cm。叶片深绿色,有光泽。中型花,花径8cm,花序排序良好,绿花红心,边缘带斑纹,花期长(图3-65)。

图3-65 '绿闪电'

4.'卡利'

株形好，株高35cm。叶片互生，深绿色，叶片坚挺。中型花，花径8cm，花序排序良好，绿花黄心，花期长（图3-66）。

图3-66 '卡利'

5.'小青梅'

株形好，株高30cm。叶片互生，坚挺，有光泽。小型花，花径6cm，花序排序良好，绿花红心，花期长（图3-67）。

图3-67 '小青梅'

（六）条纹斑点系列

1.'招财猫'

株高45cm。叶色深绿，叶片宽厚，质硬，有光泽。大型花，花径10cm，花序排序良好，紫红色斑纹，花期长（图3-68）。

图3-68 '招财猫'

2.'小孔雀'

株形好，株高30cm。叶片坚挺，有光泽。小型花，花径6cm，花序排序良好，花粉色，花心紫红色，有斑纹，花期长（图3-69）。

图3-69 '小孔雀'

3. '小斑马'

株形好，株高20cm。叶片坚挺，有光泽。小型花，花径5cm，花序排序良好，花白色，紫红色条纹，花期长（图3-70）。

图3-70 '小斑马'

4. '黑杰克'

株形好，株高30cm。叶片翠绿色，坚挺，有光泽。中型花，花径8cm，花序排序良好，花瓣布满粉红色斑点，花期长（图3-71）。

图3-71 '黑杰克'

5.'钢琴'

株形好，株高40cm。叶片长椭圆形，深绿色。大型花，花径10cm，花序排序良好，花瓣布满紫红色条纹，花期长（图3-72）。

图3-72 '钢琴'

6.'龙树枫叶'

株形好，株高45cm。叶片坚挺，有光泽。大型花，花径11cm，花序排序良好，花瓣布满粉红色斑点，边缘泛白，花期长（图3-73）。

图3-73 '龙树枫叶'

7.'法国斑'

株形好，株高30cm。叶片长椭圆形。中型花，花径9cm，花序排序良好，花粉色带斑纹，花期长（图3-74）。

图3-74 '法国斑'

8.'大豹斑'

株形好，株高40cm。叶片长椭圆形，互生，深绿色。大型花，花径12cm，花序排序良好，花粉色，带斑纹，花期长（图3-75）。

图3-75 '大豹斑'

9.'毕加索'

　　株形好，株高35cm。叶片互生，深绿色。中型花，花径8cm，花序排序良好，花紫红色带黄色斑纹，花期长（图3-76）。

图3-76　'毕加索'

10.'昌新小提琴'

株形好，株高30cm。叶片坚挺，有光泽。小型花，花径6cm，花序排序良好，花粉红色，边缘带白色斑纹，花期长（图3-77）。

图3-77　'昌新小提琴'

11.'金边蔓越莓'

株形好，株高20cm。叶片绿色带金边。小型花，花径5cm，花序排序良好，花粉红色，边缘带白色斑纹，花期长（图3-78）。

图3-78 ‘金边蔓越莓’

（七）橘色系列

1.'金橘'

株形好，株高45cm。叶片长椭圆形，互生，坚挺，有光泽。中型花，花径8cm，花序排序良好，花橘色，花期长（图3-79）。

图3-79 '金橘'

2.'初恋'

株形好，株高30cm。叶片坚挺，有光泽。小型花，花径6cm，花序排序良好，花橘色边缘带黄色斑纹，花期长（图3-80）。

图3-80　'初恋'

3.'吉祥'

株形好，株高40cm。叶片坚挺，有光泽。中型花，花径8cm，花序排序良好，花橘色，边缘带黄色斑纹，花期长（图3-81）。

图3-81　'吉祥'

4.'金蝶'

株形好，株高20cm。叶片互生，深绿色，坚挺，有光泽。小型花，花径6cm，花序排序良好，花橘色带黄色斑纹，花期长（图3-82）。

图3-82 '金蝶'

第四章
蝴蝶兰繁殖方式

一、无菌播种

由于蝴蝶兰属于单轴型气生兰，不能用传统的扦插、分株等方式进行繁殖。种子极其微小，没有胚乳，在自然环境中需与真菌共生才能萌发，且萌发率极低，但通过无菌播种人工培养，能够在短期内获得大量幼小植株。

（一）材料消毒与接种

以授粉后150天的果荚为宜，先用稀释的洗衣粉溶液擦洗果荚表面，并用自来水冲洗干净；再用酒精棉（蘸75%酒精）擦洗一遍，然后在超净工作台上，用75%酒精消毒1～5min，并用0.1%升汞消毒3～8min，用灭过菌的蒸馏水冲洗2～3遍，取出果荚放在无菌的培养皿中备用；将消毒后的果荚用解剖刀切开，将种子移入有少量无菌蒸馏水的培养瓶中，轻轻摇动使之分散均匀，然后用无菌吸管将种子移到培养基上，并使之均匀地分布于培养基表面。

（二）培养方法及条件

选用花宝、MS、改良MS、改良KC和1/2MS培养基，附加0.3%活性炭、2%蔗糖、0.8%琼脂，附加10%香蕉汁，pH值5.3～5.65。培养室温度（26±2）℃，光照强度1500～2000lx，每天光照时间10～12h。

播种后30～45天，至原球茎阶段，可以移到原球茎增殖培养基，扩大繁殖。在小苗生长具有1cm长的叶片和根时，再移入小苗生长培养基，叶片生长长达3～5cm时即可出瓶种植。

二、组织培养

组织培养是蝴蝶兰繁殖的主要方式。植物组织培养泛指在无菌的条件下，将离体的植物器官（根、茎、叶、花、果实、种子等）、组织（分生组织、花药组织、胚乳、皮层等）、细胞（体细胞、性细胞）以及原生质体等，培养在人工配制的培养基上，给予适当的培养条件，使其长成完整植株的过程（图4-1）。

图4-1　蝴蝶兰组织培养设施

（一）组织培养优势

1. 繁殖速度快，繁殖系数大

用组织培养方法育苗，繁殖速度快，繁殖系数大，同时节约繁殖材料，只取原材料上的一小块组织或器官就能在短期内生产出大量的优质苗，每年可以繁殖出几万甚至数百万的小植株。

2. 繁殖后代整齐一致，能保持原有品种的优良性状

组织培养是一种微型的无性繁殖，它取材于同一个体的体细胞而不是性细胞，因此其后代遗传性非常一致，能保持原有品种的优良性状。可获得大量的统一规格、高质量、高品质的小苗。

3. 可获得无毒苗

采用茎尖培养的方法或结合热处理可除去绝大多数植物的病毒、真菌和细菌，使植株生长势强、花朵增大、色泽鲜艳、抗逆能力提高、产花数量增加。

4. 可进行周年工厂化生产

组织培养是在人工控制的条件下进行的集约化生产，不受自然环境中季节和恶劣天气的影响。所以可以全年进行连续生产，生产效率高。

5. 经济效益高

组织培养由于种苗在培养瓶中生长，立体摆放，所需要的空间小，节省土地（图4-2）。生产可按一定的程序严格执行，生产过程可以精密化、微型化，能最大限度发挥人力、物力和财力，取得很高的生产效率。如在一个200m²的组织培养室内，一年可生产试管苗上百万株，如按每株1元计算，每年产值上百万元。

（二）实验室基本组成

一个完整、标准的组织培养实验室是由一组执行不同功能的区间组

图4-2　蝴蝶兰组织培养瓶

成，并且按照组织培养操作程序设置和排列，一般应当包括准备室、接种室、培养室、观察室、驯化室等。

1. 准备室

准备室也称化学实验室或通用实验室，一般由洗涤室、药品室、称量室、配制室和灭菌室等组成。

① 洗涤室主要用于玻璃器皿和实验用具的洗涤、干燥和贮存；培养材料的预处理与清洗；组培苗的出瓶、清洗与整理等。

② 药品室主要用于存放无机盐、维生素、氨基酸、糖类、琼脂、生长调节物质等化学药品。要求室内干燥、通风、避光。

③ 称量室用于药品的称量。要求干燥、密闭，避免直射光照射。至少应配备1/100的普通天平和1/10000的分析天平。除电源外，应设有固定的防震台座。

④ 配制室用于培养基的配制、材料的预处理。设计时，要求房间宽敞明亮、通风、干燥，水源、电源使用方便，上下水道畅通。在条件允许的情况下，培养基配制室宜大不宜小，便于多人同时操作。保证有时可将配制室内部间隔为称量分室和配制分室。一般要求小型实验室面积为$10 \sim 20m^2$。

⑤ 灭菌室主要用于培养基、器皿、工具和其他物品的消毒灭菌。要求安全、通风、明亮；墙壁和地面防潮、耐高温；配备水源、电源和供排水设施；保证上下水道畅通。专用的小灭菌室面积一般为5～10m²。

⑥ 缓冲间主要防止带菌空气直接进入接种室和工作人员进出接种室时带进杂菌。接种人员在缓冲间更衣、换鞋、洗手、戴上口罩后，才能进入接种室。

2. 接种室

也叫无菌操作室，是进行无菌操作的场所。材料的接种、培养物的转移、试管苗的继代等均需要在无菌条件下操作。其无菌条件的好坏对组织培养的成功与否起着重要作用。

接种室不宜设在易受潮的地方。其大小根据实验需要和环境控制的难易程度而定。

3. 培养室

培养室是人工条件下培养接种物及试管苗的主要场所，主要用于培养离体材料。

培养室的大小可根据生产规模和培养架的大小、数目及其他附属设备而定。每个培养室不宜过大，一般10～20m²即可，以便于对条件的均匀控制。培养室外最好有缓冲间或走廊。

4. 观察室

观察室的主要功能是对培养材料及时地进行细胞学或解剖学观察与鉴定、对材料的摄影记录和对培养物有效成分进行取样检测。

5. 驯化室

驯化室的主要功能是提供组培苗炼苗的环境。

组培苗的驯化移栽通常在温室或塑料大棚内进行。其面积大小视生产规模而定。要求环境清洁无菌，具备控温、保湿、控光、通风和防虫良好等条件。

（三）组织培养程序

1. 培养基的选择

培养基是用于组织培养繁殖的物质，其中包含水、营养物质、激素、支持物质。水常用蒸馏水，营养物质包括植物生长所需的大量元素、微量元素、有机物质等，激素包括生长素（NAA、IAA、IBA、2,4-D等）、细胞分裂素（6-BA、KT、ZT等）、赤霉素（GA_3），支持物质常采用琼脂粉、琼脂条、琼脂糖等。

培养基有MS、1/2MS、1/3MS。其微量元素及维生素群用量不变。蔗糖为2.5%，琼脂为0.8%，活性炭为0.5%，pH值为5.5～5.6，为固定值。激素用6-BA（6-苄基腺嘌呤）。培养基用100mL的培养瓶分装，每瓶25mL，123℃高压蒸汽灭菌15～25min。

诱导培养基：1/3MS+6-BA 3～5mg/L+椰子汁15%；

增殖培养基：1/3MS+6-BA 3mg/L+椰子汁15%；

成苗培养基：花宝一号3g/L+苹果酸10g/L+香蕉汁150g/L+胰蛋白胨2g/L+蔗糖30g/L+琼脂6.0g/L，成活率高，幼苗茁壮，生长快，生根率可达98%左右。

以上培养基pH为5.5。

2. 培养基的配制

以配制1L MS培养基为例。

（1）配制母液 母液的成分：大量元素（母液Ⅰ）、微量元素（母液Ⅱ）、铁盐（母液Ⅲ）、肌醇、B族维生素、甘氨酸及其他有机成分（母液Ⅳ）ⅣA和ⅣB。以上各种营养成分的浓度，除了母液Ⅰ为20倍浓缩液外，其余的均为200倍浓缩液。

上述几种母液都要单独配成1L的贮备液。其中母液Ⅰ、母液Ⅱ及母液Ⅳ的配制方法为：每种母液中的几种成分称量完毕后，分别用少量的蒸馏水彻底溶解，然后再将它们混合、搅拌均匀，定容至1L。母液Ⅲ的配制方法是：将称好的七水硫酸亚铁和乙二胺四乙酸二钠分别放到450mL

蒸馏水中，边加热边搅拌，使其充分溶解，然后将两种溶液混合，并将pH调至5.5，最后定容到1L，保存在棕色玻璃瓶中。各种母液配制完成后，分别用玻璃瓶贮存，并且贴上标签，注明母液号、配制倍数、日期等，保存在冰箱的冷藏室中。

MS培养基中还需要加入2,4-D、NAA、6-BA等植物生长调节物质。

（2）配制培养基

① 用量筒分别量取100mL母液Ⅰ、10mL母液Ⅱ、10mL母液Ⅲ、10mLⅣA和10mLⅣB，再取10mL 2,4-D和2mL NAA与各种母液一起放入烧杯中。

② 称取54g琼脂、300g蔗糖、1g活性炭。

③ 在容器中加入规定量的各种母液，包括生长调节物质，加水定容至1L，搅拌均匀。

④ 向母液混合物中加入蔗糖，边加热边搅拌，然后加入琼脂，搅拌均匀，再加入活性炭，搅拌均匀。

⑤ 用吸管吸取1mol/L的氢氧化钠溶液，逐滴滴入培养基中，边滴边搅拌，并随时用精密的pH试纸，测培养基的pH，一直到培养基的pH值为5.8为止。

⑥ 要趁热分装，分装时先将培养基倒入烧杯中，然后将烧杯中的培养基倒入锥形瓶中，每1000mL培养基可分装25～30瓶。

⑦ 盖住瓶口，用两块硫酸纸中间夹一层牛皮纸，封盖瓶口，并用细绳捆扎，在锥形瓶外贴上标签。

⑧ 在98kPa、121.3℃下，灭菌20min，灭菌后取出锥形瓶，让其中的培养基自然冷却凝固，最好放置1天后再用。

3. 外植体的选择

蝴蝶兰组织培养的外植体主要有叶片、花梗、茎尖、根尖等，其中花梗腋芽是蝴蝶兰组织培养的最佳外植体，也是目前利用最广泛的。在选择外植体时，应先选择生长健壮、无病虫害、不变异的母株。在采前5～7天，用杀菌剂喷洒母株，对母株进行采前预处理，可有效预防和降低内源性污染，提高诱导的成功率。

4. 外植体的消毒

消毒处理是蝴蝶兰组织培养工作中的重要环节。

① 首先将带有腋芽的花梗剪成4cm左右的茎段，用自来水清洗干净，再在75%酒精中浸泡40s；然后用无菌水清洗一次；再在2%次氯酸钠中浸泡15min，浸泡时不断搅动；再用无菌水清洗两次。

② 在整理清洗材料的同时对超净工作台进行消毒，消毒时间为20min。

③ 消毒完成后，将茎段置于超净工作台上，先用75%的酒精消毒30s，再用无菌水清洗2次。备用。

5. 外植体接种

每个试管接种1个节段。接种前，先将试管在本生灯上旋转灼烧6s左右，用镊子取下瓶塞并放在本生灯旁边的托盘上（大面朝下），再将试管口旋转灼烧6s左右，接种时培养瓶口要处在本生灯附近的无菌区，手不要碰到已灭过菌的器具尖部。在切割材料和将材料接入瓶子时，手尽可能地不要在无菌接种纸（滤纸）上方移动，左手将培养瓶呈45°角拿着，右手用灼烧后冷却的镊子将外植体节段均匀插在培养瓶内的培养基上。若在接种时镊子与瓶口垂直，手上微生物容易落入瓶中引起污染。在接种操作过程中，切割、转接、入瓶、盖瓶塞子等环节均要求规范、准确、迅速，才能达到无菌无污染。节段接入培养基的深度为节段的1/4，芽点一定露出培养基。接种完将瓶塞盖上，并用手拧紧。

6. 生根培养

花梗接种到诱导培养基上7～10天后，腋芽突出肥大，出芽率80%以上，经15天后，腋芽萌发成单芽或丛生芽，丛生芽多次切割并移植到增殖培养基上，进行大量增殖。一般45天作为一个继代周期，增殖率在3～4倍即可以满足生根的需要。形成足够繁殖基数后，把比较大的芽（3～4cm长）切割后移植到成苗培养基上，30～40天就可以长根。经过炼苗后就可以栽植在洁净的水苔藓上，置于阴凉处（图4-3，图4-4）。

图4-3　蝴蝶兰组织培养

图4-4　蝴蝶兰组织培养苗

图说蝴蝶兰栽培管理技术

第五章
蝴蝶兰栽培管理技术

一、种苗选购

蝴蝶兰栽培品种多，市场上颇受欢迎的种类大致分为大型花、中型花、小型花三类，色彩多样。栽培时可以大、中、小型花选择一种，色彩按白花系20%，红花系60%，条纹等其他品种20%进行搭配；为适应市场需求也可以适当选择部分小花品种进行栽培。应考虑观赏季节需要，中秋节和国庆节上市的成品花有室外观赏需求，应适当选择耐寒的品种；要求在元旦、春节上市的成品花可选择花期长，易于花后栽培的品种。

生产中可根据自身生产条件按种苗规格选择小苗、中苗和大苗，购苗栽培的时间以上市销售日期为目标进行选择（图5-1）。

图5-1　蝴蝶兰种苗

二、栽培基质选择

基质类型是影响蝴蝶兰生长及开花数量的主要因子之一，且基质决定植物根系的微环境，是植物所需水分、氧气、矿物质养分的载体。因此，栽培基质的选择是蝴蝶兰栽培中的重要环节。

蝴蝶兰的气生根对根际微环境氧气的含量要求较高，其栽培基质要求疏松、透气，有较强的保水、保肥能力，酸碱度适宜，不含有毒物质，对植物根系起到支撑作用。目前蝴蝶兰栽培中应用的基质有以下几类。

（一）有机基质

1. 水苔藓

水苔藓大多生长于温带与寒带地区，我国的水苔藓主要生长在长江以南海拔较高山区的潮湿地或沼泽地。由于蝴蝶兰为气生兰，根系发达，要求基质具有良好的物理稳定性、优良的疏松透气性和保水保肥能力，水苔藓的生物学特性使其成为兰科植物理想的栽培基质。使用前，将准备好的干水苔藓放入基质浸泡箱中，用木板压实固定，然后放满水，浸泡12h，让水苔藓充分吸水。将水苔藓充分浸泡后取出，放到甩干桶中甩干，取出备用，此时水苔藓为潮湿状态，但不能攥出水（图5-2）。

图5-2　水苔藓

2. 椰糠

是椰子外壳的纤维粉末，是在加工过程中从椰子外壳纤维脱落下的一种可以天然降解的环保型栽培基质。椰糠具有很好的保水、排水能力及适宜的pH，是一种较好的栽培基质，但其含盐量较高。鉴于单一基质的局限性，在生产中建议采用复合基质（图5-3）。

图5-3　椰糠

3. 树皮

栽培用的树皮多为发酵树皮，呈颗粒状，目前国内开始使用树皮作为蝴蝶兰的栽培基质，代替其他基质进行蝴蝶兰盆花的种植。树皮使用前一般要进行至少7天的沤制，即用水浸泡，让每个颗粒充分吸水，恢复其保水性，树皮的浇水和施肥次数要比水苔藓多3～5倍，避免缺水与缺肥（图5-4）。

图5-4　树皮

4. 泥炭

目前泥炭是世界上公认的最好的花卉基质之一，我国东北地区蕴含丰富的泥炭资源。泥炭容重小、病菌少，本身还有一定的养分，总盐含量适中，缓冲性能强，可以单用。但是泥炭是一种疏水性基质，一旦干燥后再吸水力差，作为单一基质存在一定的弱点，更多的是与其他基质混合使用（图5-5）。

图5-5　泥炭

（二）无机基质

在选择蝴蝶兰复合基质原料时，可以考虑一些无机物质，主要有蛭石、珍珠岩、岩棉、陶粒等。

1. 蛭石

蛭石含有效钾5%～8%，含镁9%～12%，pH适宜，吸附能力适中，在国内外被广泛使用（图5-6）。

2. 珍珠岩

珍珠岩容重小，搬运方便，病菌少，透气透水能力强，但养分含量低，阳离子交换量小，持水能力弱（图5-7）。

图5-6 蛭石

图5-7 珍珠岩

3. 陶粒

陶粒是一种工业生产的基质，通气保水性好（图5-8）。

图5-8 陶粒

三、定植及换盆

（一）组培苗出瓶、定植

1. 出瓶前要求

蝴蝶兰组培苗出瓶时，要求瓶内没有明显的污染，组培苗生长健壮，叶片要达到瓶子的2/3高度，厚实光亮（图5-9）。

图5-9　蝴蝶兰组培苗

2. 出瓶前炼苗

出瓶前组培苗要先在栽培室内炼苗5～7天。但要用遮阳网盖住瓶苗，让小苗有一个适应期，保证小苗的成活率（图5-10）。

图5-10　蝴蝶兰出瓶前炼苗

3. 出瓶操作

出瓶时打开瓶盖，注入少量清水，一般为瓶子的1/3～1/2。轻微摇晃瓶子，使瓶底基质与根系尽量脱离。

用长镊子从根部小心地将苗一株一株掏出，必须注意避免伤根和伤叶，将掏出的苗放入清水盆中清洗。

4. 洗苗

将组培苗从瓶中取出放入装有清水的盆中，水温控制在 15 ～ 20℃。水温不能过低或过高，否则会影响幼苗移栽的成活率。

苗上的培养基必须清洗干净，去除黄叶，摘除根部黑块。洗完之后再放入装有杀菌剂的盆里杀菌消毒 3 ～ 5min，然后将苗分出大、中、小三级，整齐地排放在指定的苗盘中。放入苗盘时不能把苗叠起来，避免苗相互挤压，若苗等待装盆的时间过长，应确保苗保持水分。

5. 装盆定植

洗净的组培苗一般有 2 个以上根系，因此装盆时要在 2 ～ 3 个根系分叉底部首先用水苔藓填充，以免根系挤在一起断根，一手固定根部水苔藓与苗本身，再用水苔藓轻微地缠住所有根系，将苗的根系全部包在水苔藓中，然后装入 1.5 寸盆中。

如果组培苗根系过长，不能将其折断，而应顺着根的长势把根系盘绕起来装入盆中。因为根系生长直接影响到蝴蝶兰的成活率，所以必须保证将根系的损伤减到最小。

小苗装盆的水苔藓量以包住根系为主，使苗装入盆后不能太紧，更不能用手指过分挤压水苔藓，避免使盆内水苔藓挤压苗的根部，或手指直接伤到苗的根部。水苔藓的高度一般以苗盆上口的螺纹圈的底线为限。

将装好盆的小苗放入小苗苗盘上，然后排列整齐放到温室指定的苗床之上，以便日后的栽培管理。

装盆上苗床后的小苗，春、夏、秋三季当天用 2000 倍的甲基硫菌灵 +3000 倍的农用链霉素普遍喷水，冬季可 2 天内用消毒液喷水。

装盆后的苗处于缓苗阶段，这一阶段要不断向叶面补充水分，控制好光照在 5000 ～ 8000lx，保证温度在 25 ～ 28℃（图5-11）。

图5-11　缓苗后的小苗

（二）换盆

换盆前的小苗应达到以下要求：苗龄4～6个月，两叶距10～15cm，叶宽4～5cm，叶数4～5片，叶片厚实，根系饱满。

小苗换盆前先控制水分使水苔藓保持轻微湿润，然后按苗的大小分级。取苗时用手轻轻捏压软盆四周，使根系与盆壁分开，取出带基质的小苗。在软盆中放进2～3个泡沫块，水苔藓低于盆沿约1.8cm，每10kg水苔藓种植1000～1200株。定植后将叶片朝育苗盘对角线摆放，换盆当天喷施针对细菌和真菌的广谱性杀菌剂（图5-12）。

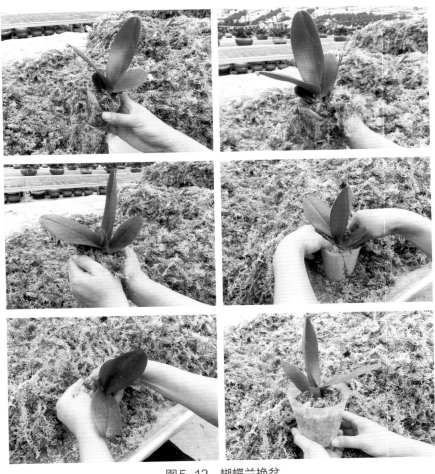

图5-12　蝴蝶兰换盆

四、苗期管理

（一）小苗管理

1. 环境条件

小苗生长适应温度22～30℃，适应湿度70%～85%，适应光照强度8000～18000lx。定植20天内小苗应保持温度20～28℃，湿度80%～90%，光照强度4000～8000lx。

2. 肥水管理

定植后适当控制水分，待盆中水苔藓较干、盆底或盆壁仅见少量水珠时，用25：5：15（N：P：K，含全营养元素，下同）水溶性肥液4000～5000倍等促根壮苗肥液浇半透水。定植20～25天植株长出新根后，用20：20：20水溶性肥液3000～4000倍浇灌，冬春季节及阳光不足时节每隔7～10天浇1次半透水，夏秋季节及干燥天气每隔5～8天浇1次透水。

蝴蝶兰小苗管理期间需要每天巡视兰园，及时淘汰病苗、弱苗，调整叶片受光面，避免新叶互相遮挡，做好兰株导根工作（图5-13）。

图5-13　蝴蝶兰小苗管理

（二）中苗管理

1. 环境条件

营养生长期适应温度22 ～ 30℃，适应湿度70% ～ 85%，适应光照强度10000 ～ 20000lx。刚换盆的种苗25天内应保持温度20 ～ 28℃，湿度80% ～ 90%，光照强度8000 ～ 15000lx。

2. 肥水管理

换盆后适当控制水分，待盆中水苔藓较干时，用20 ∶ 20 ∶ 20水溶性肥液3000 ～ 4000倍浇1次半透水。换盆25 ～ 30天后，植株有新根长出，部分新根已达盆壁，待水苔藓较干时可浇第2次肥水。冬春季节及阳光不足时节，每隔10 ～ 15天用20 ∶ 20 ∶ 20水溶性肥液2000 ～ 3000倍浇1次半透水，夏秋季节及干燥天气每隔7 ～ 10天用20 ∶ 20 ∶ 20水溶性肥液2000 ～ 3000倍浇1次半透水，夏季每月间施1次3000倍约15 ∶ 20 ∶ 25水溶性肥液，冬季每月施氮肥1 ～ 2次。

蝴蝶兰中苗管理期间需要每天巡视兰园，及时淘汰病苗、弱苗，调整叶片受光面，避免叶片互相遮挡，做好兰株导根工作。需保持营养生长的种苗，冬春季应剪除花蕾或只留1个花蕾，待室外夜温稳定回升至20℃以上且天气晴朗时，用已消毒的剪刀剪除花梗。

（三）大苗管理

1. 环境条件

营养生长期适应温度22 ～ 30℃，适应湿度70% ～ 85%，适应光照强度12000 ～ 25000lx。刚换盆20天内大苗应保持温度20 ～ 28℃，湿度80% ～ 90%，光照强度8000 ～ 15000lx。

2. 肥水管理

定植后适当控制水分，待盆中水苔藓较干、盆底或盆壁仅见少量水珠时，用25 ∶ 5 ∶ 15水溶性肥液4000 ～ 5000倍等促根壮苗肥液浇半透水。定植 20 ～ 25 天植株长出新根后，用 20 ∶ 20 ∶ 20 水溶性肥液 3000 ～ 4000 倍浇灌，冬春季节及阳光不足时节每 7 ～ 10 天浇 1 次半透水，夏秋季节及干燥天气每隔 5 ～ 8 天浇 1 次透水。

蝴蝶兰大苗管理期间需要每天巡视兰园，及时淘汰病苗、弱苗，调整叶片受光面，避免新叶互相遮挡，做好兰株导根工作。需保持营养生长的种苗，冬春季节应剪除花蕾或只留一个花蕾，待室外夜温稳定回升至 20℃以上且天气晴好时，用已消毒的剪刀剪除花梗。检查基质干湿情况并及时浇肥水，浇肥水后，隔天应检测基质 EC 值（可溶性盐浓度）及 pH 值，保持基质 EC 值 0.8 ～ 1.2mS/cm，pH 值 4.0 ～ 7.2（图 5-14）。

图 5-14　蝴蝶兰大苗管理

五、花期调控

蝴蝶兰在生长发育过程中，必须要经过一段时间的低温刺激才能转入生殖生长进行花芽分化，否则不能开花。蝴蝶兰正常花期在 3 ～ 5 月，要实现蝴蝶兰成花周年供应，就需要通过人工调控模式，在温室模拟低温（昼夜温差 8 ～ 10℃）进行催花。一般植株成熟后才可进行催花处理，植株成熟的标准为：中苗换盆后生长 4 ～ 5 个月，4 ～ 6 片叶，两叶间距 30 ～ 35cm，叶宽 8 ～ 10cm，叶片肥厚坚挺，根系饱满、粗壮。

（一）确定催花时间

在植株达到成熟标准的基础上，催花处理时间一般依据上市时间而定，蝴蝶兰从低温处理至开花需经120～140天，所以北方地区春节期间上市蝴蝶兰应在7月末8月初进行催花处理，中秋、国庆节上市蝴蝶兰应在4月末5月初进行催花处理。

（二）催花前期管理

在低温催花处理前30天，为促进植株积累养分，日温需保持28～30℃，夜温20～23℃，增加光照，光照强度为25000～30000lx，在温室通风良好的情况下，空气相对湿度控制在60%～80%。可施用1～2次花多多高磷肥（N：P：K=9：45：15）3000倍液，促进花芽分化。

（三）花芽分化期管理

花芽分化期应将昼温降至24～26℃，夜温降至16～18℃，温差达到7～8℃，此温度条件处理30～45天，蝴蝶兰完成花芽分化全过程。当花梗长至10cm左右即低温处理60天左右时结束低温处理。催花期间光照强度一般为25000～30000lx，空气相对湿度控制在60%～70%，施用花多多2号（N：P：K=10：30：20）2000～3000倍液（图5-15）。

图5-15　蝴蝶兰花芽分化期

（四）花梗伸长期管理

花梗伸长期可将昼温调至26～28℃，夜温18～20℃，光照强度为20000～25000lx，空气湿度为60%～70%，交替施用花多多2号（N：P：K=10：30：20）、花多多1号（N：P：K=20：20：20）2000倍液。为使花梗竖直生长，需用长铁线、塑料夹固定花梗。并将花梗高度相同的植株摆放一起，摆放时让植株叶片南北伸展并使花梗在北侧（图5-16，图5-17）。

花梗长至10～25cm时，按品种类型、质量和花梗长度进行分类并分区摆放，使花梗从植株北边长出。当花梗长至25～30cm时，根据品种的花梗长度，选用直径2.88mm、适当长度的包塑铁线竖直插在花枝旁，并用扎线或塑料夹子固定花梗较成熟部位。根据花苞的发育及时进行分类调控。如要进行提早定型，可在花苞接近开

图5-16 蝴蝶兰花梗伸长期

放时将铁线从第一个花苞下约4cm处朝植株方向弯曲，末端微向下伸展，用扎线或塑料夹子将花枝固定在铁线上，使花朵有较好的向光性。

图5-17 蝴蝶兰花梗固定

（五）现蕾期管理

现蕾期昼温需降至24～26℃，夜温16～18℃，光照强度尽量保证在20000 lx以上。浇施花多多2号（N：P：K=10：30：20)2500倍液，

应避免基质过干，根系受损。温度也可根据上市时间进行调节，如需植株快速开花，需将昼温控制为26～28℃，夜温21～22℃。为避免花梗扭曲或花朵排列混乱，待花枝长至50cm左右时，可利用插入的长铁线、塑料夹来进行花梗造型（图5-18，图5-19）。

图5-18　蝴蝶兰现蕾期

图5-19　蝴蝶兰花梗造型

（六）开花期管理

蝴蝶兰开花后，温度宜控制在18～28℃，光照强度为15000～20000lx，相对湿度55%～65%。为了延长花期，应降低肥料浓度，减少施肥量。蝴蝶兰盛花期只需浇水，不用施肥，浇水应避免喷到花朵上，防止染病。当所有花朵凋谢后，应将花梗从基部上方3～4cm处剪掉，以减少养分消耗，保证第二年正常开花。花朵开放后应减少搬动次数，保持良好的向光性。为提高蝴蝶兰的商品价值，生产企业和花店通常会对蝴蝶兰花枝进行艺术造型和组盆设计，以满足不同客户需求（图5-20～图5-22）。

图5-20　蝴蝶兰开花期

图5-21　蝴蝶兰组盆设计

图5-22

图说蝴蝶兰栽培管理技术

图5-22　作为商品的蝴蝶兰

六、病虫害防治

在蝴蝶兰的栽培管理过程中，病虫害防治是不可缺少的一部分，所以要加强生长期管理，减少病虫害发生，充分提高蝴蝶兰的观赏价值和经济价值。

（一）常见病害

1. 软腐病

该病为细菌性病害，在高温、多湿、通风不良的环境容易感染，蝴蝶兰在各苗龄阶段均可感染，植株染病后迅速蔓延，短时间内可使植株死亡。

主要症状：此病主要侵害蝴蝶兰叶片部位，尤其是叶柄基部。发病时叶片上出现小斑点，呈水浸状，并迅速扩大为圆形斑，后期变为淡褐色烂斑，溃烂处有臭味，臭水流出后，病斑呈纸状干涸。如不及时防治，会引起整株腐烂死亡（图5-23）。

防治方法：①及时剪除叶片发病部位，并用3%甲基硫菌灵软膏剂涂抹处理剪口。②喷施药剂主要为四环霉素可湿性粉剂2500倍液、6%春雷霉素水剂800～1000倍液，10天喷1次，连喷2次。③保持温室内通风，勿在阴雨天浇水。适时浇水，天黑前叶片要完全干燥。

图5-23　蝴蝶兰软腐病

2. 斑点病

该病为细菌性病害，高温炎热夏季易发此病，常伴随肥伤、药伤、日灼伤发生，病菌自伤口或气孔侵入，植株染病后，叶片会黄化、干枯、脱落，后期整株枯死。

主要症状：发病时，叶片上散布病斑，如针尖般大小。后期病斑扩大成不规则圆形，病斑中间部分为褐色，周边有黄色的晕圈。病重时，叶鞘腐烂，再腐烂至生长点，最后整个植株死亡。

防治方法：①栽培环境保证通风透光，合理摆放，密度要适宜。②及时清掉病株，减少传染。③发病时可用27.12%三元硫酸铜水剂1200倍液、53.8%氢氧化铜干悬浮粉剂3000倍液、81.3%嘉赐铜可湿性粉剂2500倍液对植株进行喷雾处理。为保证施药效果，药剂最好交替使用，隔10天喷1次，连续3次。

3. 疫病

该病为真菌病害，在高温湿热、通风不良的环境易发此病，植株换盆时更易感染此病。

主要症状：叶片、花箭、新芽均可被侵染。发病初期，患部出现水浸状斑点。后期扩展为暗绿色或淡褐色组织，不溃烂，无臭味，严重时整株枯萎死亡。

防治方法：①降低湿度，保持温室通风。②剪除病叶，在伤口涂抹杀菌剂，并喷洒66.5%普克菌1000倍液，或35%炰土菌可湿性粉剂2000倍液等药剂，间隔7天喷1次，连续喷2次。

4. 炭疽病

该病为真菌病害，受高温及低温伤害、虫害、阳光灼伤的植株容易感染炭疽病。

主要症状：此病主要侵害蝴蝶兰叶片部位，发病时，在叶片上会出现小斑点，呈圆形，以后会渐渐扩展成大病斑，病斑凹陷的地方呈黑褐色，严重时会有穿孔现象。

防治方法：①保持温室通风透光，避免植株受高温灼伤或低温冻害，适当施肥管理。②病害发生后，可喷洒50%扑克拉锰可湿性粉剂3500倍液、66.5%普克菌1200倍液，10天喷1次，连喷3次。

5. 灰霉病

该病为真菌病害，高湿通风不良环境及夜间结露环境易发此病，严重时大量落花、落叶。

主要症状：叶片及花朵易感染，叶片受危害主要是叶背出现褐色病团，影响叶片光亮度。发病时，有水浸状小斑点出现在花瓣或萼片上，后变褐色，严重时整个花朵枯萎脱落。

防治方法：①通风透光，降低湿度，及时去除染病叶片或花朵，减少传染。②发病时可用50%异菌脲可湿性粉剂1000倍液、50%腐霉利可湿性粉剂2000倍液、50%咯菌腈可湿性粉剂5000倍液喷洒施药，间隔10天喷1次，连喷2次。

6. 煤污病

该病为真菌病害，通风不良、空气湿度大利于病害发生。

主要症状：成株叶片分泌的汁液和介壳虫等虫体分泌蜜露均会被煤污病菌感染，使叶面被变黑的汁液和蜜露覆盖。煤污病对蝴蝶兰的主要影响是减弱叶片光合作用和降低叶片观赏价值。

防治方法：①选育抗病品种，温室通风透光。②病害发生时，可喷洒50%速灭宁可湿性粉剂2200倍液，50%益发灵可湿性粉剂1200倍液，23.7%异菌脲水悬剂1500倍液，隔10天喷1次，连喷2～3次。

7. 白绢病

该病为真菌病害，高温多湿环境下，靠近地面的根茎部易发生。

主要症状：发病初期在根颈处产生黄褐色斑点及斑纹，以后受害部位会出现白色绢丝，并慢慢转变成褐色的菌核，最后致使整个植株茎基腐败死亡。

防治方法：①使用过的栽培基质或栽培容器要清洁消毒，病株、病叶要及时清掉，减少侵染源。②发病初期开始喷施50%速灭宁可湿性粉剂2500倍液，或50%氟酰胺可湿性粉剂2000倍液，隔10天喷1次，连喷3次。

8. 褐斑病

该病为真菌病害，高温、多湿天气易发。

主要症状：发病初期，叶片上会出现细小的透明水渍状斑点，后向外扩展成黑褐色水浸状病斑，严重时扩散至整个叶片，使叶片软腐、枯萎死亡。

防治方法：①注意通风透光，发现病株及时剪除病叶。②交替喷洒40%达克灵水溶剂1000倍液、50%苯醚甲环唑乳剂4000倍液进行防治，隔10天喷1次，连喷4次。

9. 病毒病

该病在蝴蝶兰生产中比较常见，病毒会在蝴蝶兰移植上盆、修剪根系、切花时借机传染。

主要症状：感染此病毒后，植株叶片表面会出现浅色斑纹，呈马赛克状，严重时斑纹会向叶肉凹陷，并逐渐变黑。病毒会引起植株畸形，开花变少且花期变短。

防治方法：蕙兰花叶病毒通过茎尖培养，脱毒难度较大，需清除病原。定期使用10%漂白水喷洒温室地面消毒；用2%福尔马林与5%氢氧化钠混合液对使用工具进行消毒处理。

（二）常见虫害

1. 红蜘蛛

为害特点：主要为害植株茎、叶，吸食植物汁液，受害部位失水，进而失绿变白。受害的叶片上会出现小斑点，呈苍白色，而后慢慢变成褐色斑块，严重时整个叶片枯黄脱落（图5-24）。

防治方法：①以预防为主，一旦发病要立即隔离发病植株，避免传

图5-24 红蜘蛛为害症状

播。②给受害植株喷施45%四螨·苯丁锡悬浮剂2500倍液或75%炔螨特乳油1000～1500倍液，隔5天喷1次，连续喷2次。

2. 蓟马

为害特点：植株花朵为主要受害部位。蓟马幼虫呈白色、黄色或橘色，成虫则呈棕色或黑色。其虫体微小，不易被发现，常吸食植物汁液，使受害花瓣上出现斑纹，最后造成花朵扭曲变形、萎蔫脱落。

防治方法：①清洁蓟马寄生环境，隔离受害植株。②可喷洒20%啶虫脒可湿性粉剂3000倍液、40%丁硫克百威可湿性粉剂2000倍液、甲氧虫酰肼＋乙基多杀菌素悬浮剂1200倍液防治，间隔7天喷洒1次，直到受害植株蓟马消失为止。

3. 介壳虫类

为害特点：介壳虫主要寄生在植株叶片、叶基和根部，吸食植物汁液，使叶片失绿黄化、枯萎脱落，阻碍植株生长发育，严重时会使整株死亡。介壳虫侵害植株的伤口容易感染病菌，发生黑霉菌。

防治方法：①注意温室通风透光，降低湿度。②介壳虫刚发生时，如量少可刷除。③可用40.8%毒死蜱乳剂1500倍液，或40%氧乐果乳油800倍液喷洒防治，隔10天喷1次。要交替用药，避免介壳虫对药物产生抗性。

4. 蚜虫

为害特点：主要为害蝴蝶兰嫩叶、嫩芽，影响植株生长，可使花叶发育不良、扭曲变形。同时，蚜虫分泌的蜜露会感染煤污病菌，使植株发生煤污病。

防治方法：①预防为主，可用10%吡虫啉可湿性粉剂5000倍液在春初对植株进行喷洒，预防蚜虫。②发生蚜虫时，可喷洒40%氧乐果乳油1200倍液和除虫菊酯1200倍液防治。2种药剂交替使用效果更好，隔10天喷1次，连喷3次。

5. 粉虱

为害特点：粉虱常出现在蝴蝶兰叶片背面，刺吸叶片的汁液，使叶片失绿或出现黄斑点，斑点扩大成片时，叶片会变苍白、萎蔫、脱落。粉虱排泄蜜露会感染煤污病菌，使植株患煤污病。

防治方法：①预防为主，采取有效措施防止外来虫进入。②诱杀，悬挂涂黏油的黄色板，利用粉虱趋黄性，黏住粉虱成虫。③喷施药剂，喷洒10%吡虫啉可湿性粉剂1000倍液，隔3天喷1次，连喷3次。

第六章
蝴蝶兰包装与运输

一、包装

包装前，做好病虫防治，并控制基质水分。

（一）小苗包装

用75cm×46cm×20cm有孔瓦楞纸箱包装，每箱250株。包装时将苗平放，叶片按左右同方向排列，分多排多层重叠，每一排分别用胶纸固定，每层用软纸隔开。

（二）中苗包装

用75cm×46cm×20cm有孔瓦楞纸箱包装，每箱100株。包装方法同小苗包装。

（三）大苗包装

用75cm×46cm×20cm有孔瓦楞纸箱包装，每箱48株。包装方法同小苗和中苗包装（图6-1）。

（四）花梗株包装

按花枝长短将花梗株分类，用开口三角纸袋套住花梗及叶片。花梗长

图6-1 蝴蝶兰种苗包装

度25cm内的花梗株用72cm×49cm×30cm纸箱包装，每箱48株，包装时将苗平放，叶片按左右同方向排列，分两排三层重叠，花盆底部贴近纸箱长边，并用胶纸将植株固定，每层用软纸隔开。花梗长度超过25cm的按每箱30株包装。

（五）开花株包装

用107cm×46cm×20cm有孔瓦楞纸箱包装，每箱20株。包装时花盆底部贴近纸箱宽边，叶片左右排列，纸箱内部上、下及花朵重叠处用无纺布隔开，植株花盆用胶布固定于纸箱两边。包装时避免折断花枝或损伤花朵（图6-2）。

图6-2　开花株及花梗株包装

二、运输

运输过程应小心轻放，避免倒置和压挤。防止潮湿和阳光暴晒，保持温度（20±2）℃。运输时间开花株宜不超过5天，小、中、大苗宜不超过15天。另外注意运输距离的远近。

（一）近距离运输

近距离一般采用汽车运输即可。保持较好的温度条件，一般在18～23℃之间。注意汽车尾气中的乙烯气体对蝴蝶兰的影响。直接将开花株分类码放到植架中，用塑胶袋套好，保温同时防止花梗之间摩擦损伤。

（二）远距离运输

通常采用包装箱，将成品株连盆放入，用胶带将花钵固定在纸箱上，防止来回晃动，并覆上无纺布，间隔中间重叠交错的花序，以保护花瓣，将半片安喜布或者1/4安喜培保鲜剂蘸水后直接投放入箱，而后封箱即可。

另外，蝴蝶兰到货后必须立即除去包装，将植株放入温度为18～23℃的明亮环境中。蝴蝶兰在货架上等待出售时，应置于光线充足的温室中，防止观赏寿命的缩短。

第七章
居室盆栽蝴蝶兰养护方法及注意事项

由于居家环境的特殊性，家庭栽培蝴蝶兰有别于大规模生产性栽培的温室中种植法。为了帮助人们更好地掌握家庭养护蝴蝶兰的方法，本书从蝴蝶兰养护管理涉及的几个方面进行介绍。

一、养护方法

（一）蝴蝶兰的选购

蝴蝶兰能够栽培成功的关键在于品种的选择和种苗购买，因此在选择蝴蝶兰时应选择植株健壮，花朵硕大美丽，花朵多，花瓣厚实，花序整齐而且紧密的植株。目前北方市场流行的品种以红色和粉色为主，'红天使''千惠玫瑰''红龙''聚宝红玫瑰''红唇美人'等品种占据大部分市场。一般来说，开花颜色深、花朵多、花瓣厚的种苗都非常健壮，许多蜡质花和深红花的花期更长一些，可达到3～5个月。北方当地栽培的蝴蝶兰由于经过气候条件的驯化和没有运输损耗，品质远远高于南方运输的种苗，其花期更长，价格也略高，后期的养护更加容易一些。另外，花序已开了一半的蝴蝶兰观赏性更好，开的时间也相对较长（图7-1）。

图7-1　居室蝴蝶兰装点效果

（二）花期技术管理

1. 温度

蝴蝶兰原产于热带地区，喜高温高湿的环境，生长时期最低温度应保持在15℃以上，生长适温为15～30℃，夏季超过35℃或冬季低于10℃时，其生育都会受到抑制。春节前后为盛花期，适当降温可延长观赏时间，但不能低于13℃。

2. 湿度

蝴蝶兰在原产地大都着生在树干上，根部暴露在空气中，可以从湿润的空气中吸收水分，空气相对湿度要保持在70%～80%。当人工栽培时，根被埋进栽培基质中，如浇水过多，基质通气性就会变差，肉质根就会腐烂，叶片会变黄、脱落，严重时导致植株死亡。浇水的原则为"见干见湿，浇则浇透"。当室内空气干燥时，可用喷雾器或喷壶向叶面喷雾，但需注意，花期不可将水雾喷到花朵上，以免落花落蕾。

3. 光照

蝴蝶兰需光照不多，为一般兰花光照的1/3～1/2，切忌强光直射。若放室内窗台上培养，要用窗纱遮去部分阳光，夏季遮光60%，秋季遮光50%，冬季遮光30%。在开花期前后，适当的光照可促使蝴蝶兰开花，使开出的花艳丽持久。

4. 营养

栽培蝴蝶兰一般选用水草、苔藓作栽培基质。施肥的原则是"少施肥，施淡肥"。正常生长期施用兰花专用肥2000倍液，进行根部施肥，视生长情况，2～3周施1次。开花前可选用以水溶性高磷钾肥为主的复合花肥1000～2000倍液，10天左右喷施1次。花期和温度较低的季节停止施肥。

春季一般施1000倍的液体肥料，开花时不施肥。花期过后，株基长出新根时才开始继续施用液体肥料，每7天1次。春末新叶长出后少量施用油渣和骨粉混合成的固体有机肥。夏季施1500～2000倍的液体肥，每7天1次。秋季继续施用1000倍的液体肥料，每7天1次，直到10月上旬为止。生长较慢的品种，可延续施肥到10月底，但不可过迟。冬季已出现花芽，不宜施肥，必须等到春季或者是新根已开始生长才可施肥，在催花35～40天开始用高磷、钾类肥料施花肥。如停留在生长休止期，则不可施肥。

5. 换盆

从小苗到开花需要2～3年。成株的蝴蝶兰宜在每年春季开花后进行换盆和更换基质，不然易积生污垢和青苔，基质也易腐败，滋生病虫害。盆栽蝴蝶兰，宜用多孔透气的素烧盆。栽植时盆底所放基质至少要占盆容量的1/2，并将部分根外露于盆面，切勿全部深埋，否则妨碍其呼吸及生长。

（1）换盆前准备 换盆前7天左右停止施肥、灌水，新鲜水苔藓要经过一定时间的浸泡或消毒，脱水至八成干后方能用于换盆使用。

（2）换盆方法 换盆时，用细杆将植株完好地撬出，去除旧的植料，但不要伤及根部。蝴蝶兰每个叶腋处都可以发出一条新根，根在外界就会丧失吸水肥的能力，老根在水草中有的已经2～3年，也丧失了大部分功能。在每年换盆时，旧的茎和老根要加以整理切除。为了使排水良好，可在盆底部放置1/3的塑料泡沫块。用水苔藓把塑料泡沫块包放在兰根下，将根平均摊开种入盆中，再覆以松软的水苔藓，注意不可包裹得过紧。水苔藓以七成紧为佳。如有条件最好增加容器的直径，以每年2～5cm为宜，容器太大浪费水苔藓，也会导致根系短时间内不能长出水苔藓外而窒息坏死。

（3）换盆后管理 换盆后半个月内，要把蝴蝶兰放置在温度高的半阴处，不宜立即灌水或施肥，而是先喷1次杀菌剂。大约7天后，新根开始长出时，才可以用低浓度的肥水灌透1次，以后进行正常化管理。

6. 蝴蝶兰凋谢后处理

花后尽早将凋谢的花梗剪去，这样可减少养分的消耗。花梗必须从基部全部剪掉，否则花梗芽处遇到合适的条件还会发出不完全小花梗，开花效果差。

7. 病虫害防治

家庭养护蝴蝶兰病害较少，主要应注意介壳虫的危害。介壳虫多发生在干燥的秋冬季，室内通风不畅的地方。防治方法：注意通风，发现少量介壳虫时可用软布蘸乙醇擦洗，反复几次后可根除害虫。

二、注意事项

1. 浇水不宜过频

栽培蝴蝶兰的朋友，总是担心蝴蝶兰缺水，不管栽培基质是否干燥，天天浇水，造成严重烂根。

2. 温度和湿度不宜过低

通常蝴蝶兰开花株上市的时间大多在早春，而买回家后一般也都置于客厅等处欣赏，这些地方的日温虽然足够，但夜温却稍嫌偏低。另外，专业栽培的蝴蝶兰大多是在设备良好的温室里生长，相比之下，家里的温度和湿度都稍嫌不足，使得植株的长势往往会日益衰弱。因此，有时不论养护得多么好，蝴蝶兰仍有不开花的现象。

3. 施肥不宜过量

有些人有肥就施，而且不注意浓度，觉得施了肥蝴蝶兰就会长得快。须知蝴蝶兰宜施薄肥，应少量多次。切记"进补"不可过度，不然适得其反。

4. 小株不宜种大盆

有些人觉得用大盆可以给蝴蝶兰宽松的环境，用料充足。其实用大盆后，水草不易干燥，须知蝴蝶兰喜通气，气通则舒畅。

参考文献

［1］卢思聪. 中国兰与洋兰. 北京：金盾出版社，1994.

［2］黄定华. 花卉花期调控新技术. 北京：中国农业出版社，2001.

［3］王蕊. 蝴蝶兰周年生产技术. 郑州：中原农民出版社，2018.

［4］王丽娟，郝素芳，杨明，等. 设施蝴蝶兰光照调控技术. 现代园艺，2011(12): 33-34.

［5］周建峰，任目瑾，郭文娟，等. 蝴蝶兰的温室施肥技术. 陕西林业科技，2012 (5): 113-114, 117.

［6］陈玲，苏丹. 浅谈大连地区主要花木品种病虫害调查及综合防控措施. 园艺与种苗，2017(7): 1-2.

［7］李娟. 蝴蝶兰软腐病的防治. 现代园艺，2016(17): 162-163.